暴龍時光機

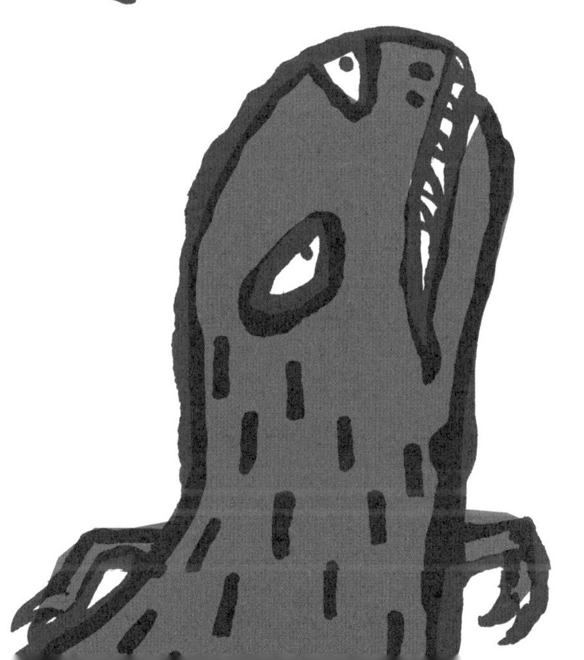

文 胡妙芬
圖 達姆

目錄

暴龍逛大街 05

1 暴大牙 —暴龍的外形 12

2 大龍吃「蝦米」? —暴龍的菜單 28

3 暴龍回家 —暴龍的生存環境 44

4 溫柔的暴力媽咪 —暴龍的生殖 58

5 落難恐龍王 —暴龍生活中的危機 68

6 末日來臨 —暴龍王朝的滅絕 82

7 化石萬歲 —暴龍的化石 96

後記

暴龍、 柯南與彩虹 胡妙芬 104

附錄

恐龍點點名 106

他是李小龍，

最愛看書練武功，

最喜歡的動物是恐龍。

暴龍逛大街

哎呀我的天，暴龍橫在路中間，

大頭短臂別愛現，快回到六千萬年前！

FTV
111

黑色星期天，暴龍走上街。黑影長又長，引起大恐慌。人們尖聲怪叫、車子東竄西藏；麻雀一哄四散、貓鼠見洞快鑽。

「這哪來的史前怪獸？」

暴龍逛大街，交通大打結；公車撞汽車，汽車撞貨車，貨車撞上摩托車，摩托車一撞飛出去，咻——變成雲霄飛車！

暴龍一吼響震天，大嘴利牙橫掃街。獅子變乖貓，老虎喵喵喵；超人嚇掉了下巴，蜘蛛人飛逃上大廈，「呼叫！呼叫！變形金剛快來制服牠！」

神風警察打開霹靂電腦，對著鬧事的暴龍一掃描，嘟——嘟——嘟——結果出來了！原來是大名鼎鼎的暴龍——蘇（Sue）。牠不是應該待在博物館嗎？怎麼跑出來逛街呢？

FLX-119
博物館的
時空導覽機
壞了!?

姓名	「蘇」(Sue)
編號	FMNH PR2081
罪別	暴力現行犯
年齡	28歲（不過已經死了六千七百多萬年）
性別	女性（呃……也有人不同意，可惜犯人只會「吼～」，都不講話）
出生地	北美洲（今日美國南達科他州）

犯罪事實	折斷電線桿、癱瘓交通、入侵動物園、吃掉貓熊、踩扁腳踏車、沒買門票闖進游泳池……
其他事蹟	是出土化石中，最完整也最出名的暴龍之一，收藏於芝加哥費氏自然史博物館。

p.s. 小祕密：根據最新估計，暴龍的壽命大約30歲，所以……
蘇其實是個老婆婆啦。

1 暴大牙

－暴龍的外形－

暴龍，霸王龍，世界第一龍；
暴龍，暴力龍，力量大無窮。
暴龍，暴牙龍，張牙向前衝；
暴龍，保麗龍，看我抓你回牢籠！

暴龍生存在白堊紀末期，距離現在六千八百萬到六千五百萬年前。牠們稱霸當時的美國與加拿大西部，體形巨大，凶猛而暴烈，是恐龍王朝裡最可怕的暴君。

惡龍，
你在哪？

別再躲，
快出來！

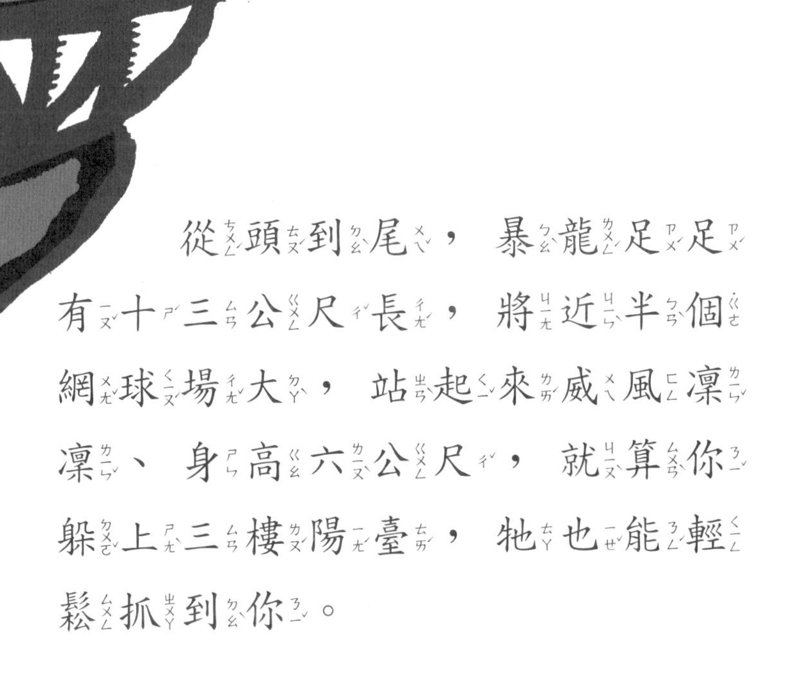

　　從頭到尾，暴龍足足有十三公尺長，將近半個網球場大，站起來威風凜凜、身高六公尺，就算你躲上三樓陽臺，牠也能輕鬆抓到你。

大象如果想和暴龍交朋友，得踩上桌子、踮腳尖，再往上伸長鼻子……才能摸到暴龍的頭頂。

大象的衣服尺寸如果是「XL」的話，那暴龍的衣服得是「XXXXXX……L」才行。

　　暴龍雖然比大象大，但是體重差不多，大約是七千公斤；牠們的骨頭和鳥類一樣，大多是中空的，這樣才夠輕盈，才能

跑得快、追上獵物。不過，如果你曾和爸爸玩摔角，被壓到完全動不了，那麼一隻暴龍大概等於一百個爸爸那麼重！這樣，你知道七千公斤有多重了吧？

啊ㄚ～

大頭大頭，下雨不愁。暴龍不但頭大，嘴也大，是恐龍世界有名的「大嘴巴」。

再配上一副尖銳、巨大的利牙，可以一口吞下一頭小豬。

暴龍的牙齒形狀就像一根香蕉，彎彎的，但邊緣卻長滿細鉤狀的鋸齒，就像餐桌上的牛排刀一樣，最適合切割肉塊了。

暴龍的利牙和鯊魚一樣，經常受傷、斷裂，但是會不斷長出新的牙齒來。在蘇的五十八顆牙齒裡，有的長、

有的短，還有一些又黑又小的小怪牙，難道，暴龍也會長蛀牙？

姓名	蘇	病因	牙齒形態
		原因不明；可能是磨損或牙床受傷。	香蕉形 牙齒長度19~30公分
頭顱長	141公分		
牙齒數	58顆		

人說嘴大吃四方，暴龍的大嘴咬功超強。不但能把汽車一口咬穿，還可以在一秒內，把一個五十公斤的人，咻——甩到五公尺高。拿幾種凶狠的動物來相比，誰

會是第一名？暴龍大口一咬就能產生一千三百公斤的力量，美洲鱷魚的咬力有九百六十五公斤，獅子四百，鯊魚一百五十，那我們人呢？只有七十幾公斤。

不過，說來奇怪，
大猛龍卻配一雙怪小手。
暴龍這麼大，前肢卻和人

的手差不多，只有一公尺長；萬一跌倒了，恐怕沒辦法撐起巨大的身體站起來。

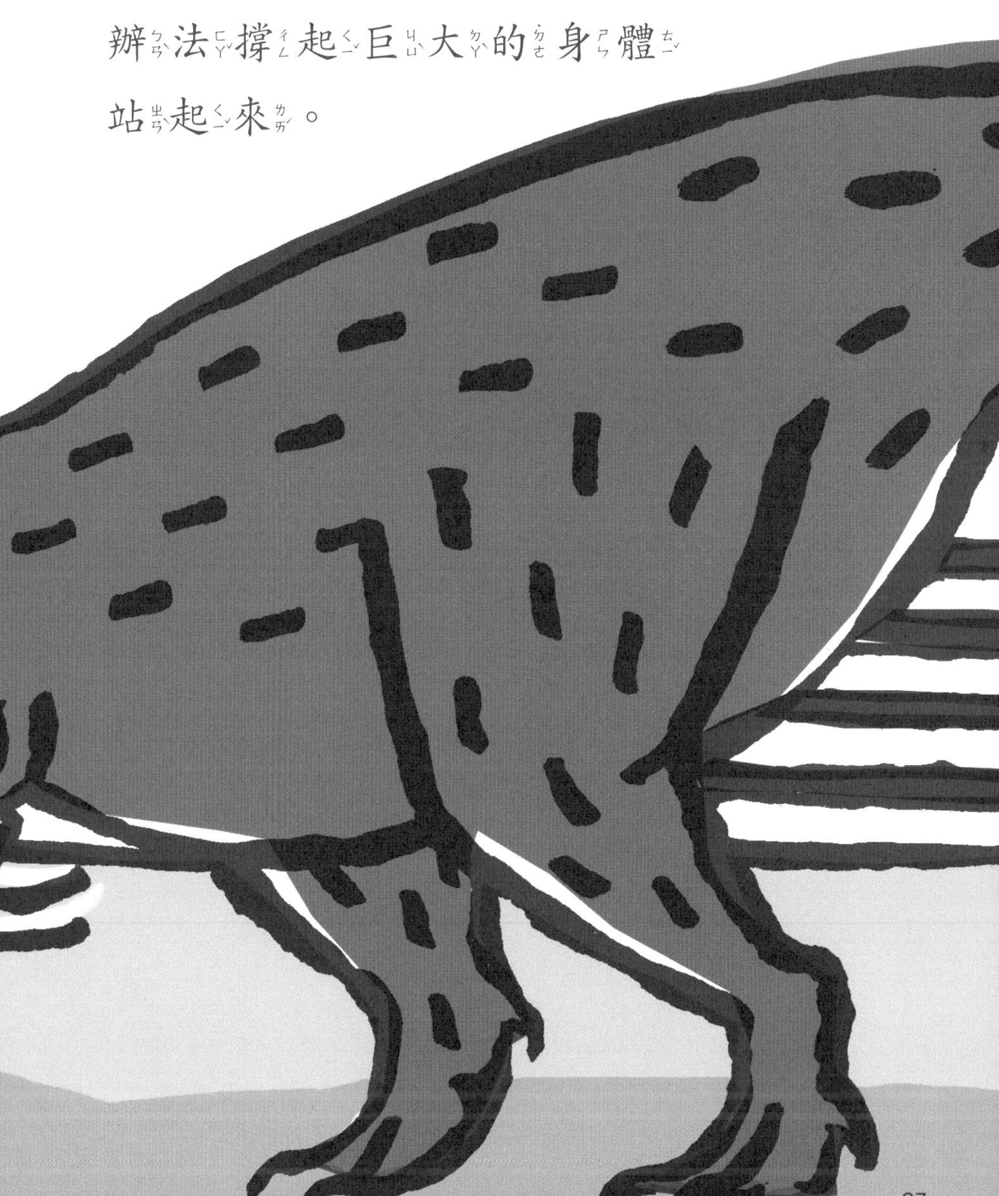

2 大龍吃「蝦米」？

-暴龍的菜單-

天靈靈，地靈靈，追捕獵物行不行？
暴龍王，吃蝦米？化石咬痕說分明。

大魚吃小魚，暴龍吃什麼？如果暴龍自己點菜，牠會說：「來一份三角龍漢堡特餐、禽龍眼珠甜湯，外加一片烤翼龍乾，呃——蕨菜沙拉？噁，真要命。不用了，謝謝！」因為

牠是標準的肉食主義者，
吃青菜會害牠消化不良、
打嗝兼放屁。

暴龍牙利嘴大，最初發現暴龍化石的人，一口咬定牠們是肉食動物。

不過，又沒人能親眼看到六千五百萬年前的暴龍吃什麼，怎麼能確定呢？

後來，有人在愛德蒙頓龍、三角龍的化石上，發現暴龍牙齒留下的咬痕。這下罪證確鑿，想賴也賴不掉。

不過，
暴龍的化石
上也常有暴
龍咬痕，
可見暴龍
經常和同
類打架，
不是以大欺
小，就是為
太太爭風吃醋。

有人猜，牠們甚至會同類相殘，暴龍吃掉暴龍呢！

如果養暴龍當寵物，你想餵牠吃什麼？一根熱狗，不夠；兩包雞塊，還不夠；一頭牛、兩隻豬、三隻羊咩咩……哇，很快就把你家吃垮了。

還好，暴龍在野外獵到一隻植食恐龍後，幾天或幾個禮拜內可以不用再進食。

快來吃呀！

▲ 暴龍老中青比較圖

小暴龍，想要長高長壯，就得認真吃飯。目前年紀最小的暴龍化石——「喬丹獸腳類」，兩歲，體重才三十公斤；而年紀最大的「蘇」，二十八歲，體重爆增到大約七千公斤。

　　十來歲的年輕暴龍，一年得長七百公斤，胃口當然好得不得了。我們人類如果按照暴龍的速度成長，等你七十歲的時候，就可能變成三千公斤重的胖爺爺或肥奶奶嘍！

　　說到吃東西，獅子追捕活生生的獵物，禿鷹瓜分死屍，都算是吃肉的動物。暴龍是和獅子一樣的掠食高手？還是像吃屍體的禿鷹呢？

人類老中青比較圖▶
（以李小龍為例）

科學家趕緊來解謎：

暴龍跑得快不快，是個重要關鍵。跑得快，才能當威風的捕獵高手；跑得慢，就是吃屍體的腐食動物。

結果

揭曉，小暴龍跑得比車快，時速七十二公里；大暴龍跑得慢，時速只剩十八到四十公里。唉，如果暴龍追殺人，說不定還追不到。不過，人可別驕傲，一山還比一山高，人拿拖鞋打蟑螂照樣追不到。還好，就算古代的暴龍跑得比現代人慢，卻比牠的獵物鴨嘴龍、三角龍快。夠了、夠了，這樣還是夠格當恐龍世界的追風殺手。

小暴龍，跑得快，

後面追個老太太（暴龍媽）；

角龍肉，給一塊，

你說奇怪不奇怪？

寶貝，
等等我呀～

我不想
吃啦！

媽呀！

糟糕！
李小龍也一起
回到過去了！
修好的時空導覽機

3 暴龍回家

－暴龍的生存環境－

我家在這裡，這裡是白堊紀；
雲朵兒飄飄，飛龍在天；
樹梢兒高高，龍奔平原；
波浪兒搖搖，潛龍優游魚群間。

暴龍蘇被發現的地方，位在美國南達科他州，一個名叫地獄溪的地層裡。這個地方現在看起來一片荒涼，六千多萬年前卻是小溪遍布的綠色平原。到處都是高大的針葉

樹，只有一些弱小的開花植物，像雜草一樣點綴在通往溪谷的小徑上。

這裡河水不深，泰坦巨龍經常來吃岸邊的植

物。遇到高一點的樹，就抬起雙腳、伸長脖子去吃樹頂的葉子。

成群的盔龍也常來岸邊喝水，一有什麼風吹草動，牠們的頭冠就發出巨響，警告同伴們成群逃開。

盔龍的頭冠是中空的，會把叫聲放大，啊啊啊～

河岸的風呼呼吹，泡在水裡的恐鱷舒服的瞇著眼睛。兩隻厚頭龍為了搶太太，頭撞著頭，拚得你死我活。好不容易安靜下來，翼龍的翅膀劃破天空，衝進水裡，大嘴撈起一條小魚。有時候，恐鱷會從河裡衝出來咬翼龍，如果翼龍的翅膀被咬破，牠就再也無法起飛，幾天內便會活活餓死在河邊。

森林間還有些討人厭的小東西飛來飛去。有長著羽毛的怪鳥，整天吱喳亂叫，非常吵鬧。也有吸「龍血」的蚊蠅、壁蝨，會把疾病傳染給恐龍。

白堊紀的海，比現在高出一、兩百公尺，現今許多陸地都被淹沒，形成大片淺海。黑黝黝的大海中，誰知道潛伏著什麼怪獸？有時候，暴龍和脾氣倔強的包頭龍在海邊對峙，突然間，水裡會殺出身長十五公尺的滄龍，牠跳出來、張大嘴，一口把包頭龍拖進海裡，不一會工夫就消失無蹤。

暴龍是白堊紀的北美洲之王，的確既聰明又威風，人人都害怕，可是，暴龍也十分孤單。公暴龍整年在山林間獨自遊蕩，母暴龍則守著好大一片領土，不讓其他暴龍進入。

牠們總是單打獨鬥，也不和別人分享獵物。霸王龍，雖然是恐龍王，也是白堊紀的孤獨之王。

黑與白，長與短；
有時安全，有時慘。
有風，有水，有溫暖；
這裡是殘酷世界，
也是恐龍的溫馨搖籃。

4 溫柔的暴力媽咪

-暴龍的生殖-

暴龍暴，母親的溫柔腦海繞；
小龍小，小暴龍的志氣可不小。

暴龍不但在外暴力，在家裡面也不太和平。一開始，體形粗壯的暴龍小姐，會唱情歌（吼叫）吸引帥哥，但是交配後就粗魯的把丈夫趕走，獨自撫養即將到來的小生命。暴龍爸爸雖然無奈，卻也落得輕鬆，繼續在山林間流浪。

不過，

暴力媽媽對自己的寶寶倒是挺溫柔的。母暴龍產卵後，可能是把卵埋在枯葉堆中，靠著樹葉腐敗產生的熱氣，

讓卵孵化。這期間，媽媽不吃不喝守著巢，只要有人來偷蛋，就低吼著把牠們嚇跑。

好不容易，小暴龍終於孵出來了，餓了好久的母暴龍，出外「大開殺戒」。牠們就像鳥媽媽一樣，外出打獵，再把肉塊帶回巢裡，餵飽小暴龍。

如果你養暴龍當寵物，這時候就要更加小心。為了保護小寶貝，暴龍媽媽脾氣會特別暴躁、防衛心特別強，可能連自己的主人都給吃了！

好可愛的
「小雞」唷！

剛出生的小暴龍像隻小毛球，長著原始的羽毛，好讓身體保持溫暖。長大

▼現代鳥類和帶羽恐龍比較圖：

現代鳥類

後，龐大的身軀比較不怕冷，羽毛可能就消失了，只剩下光禿禿的鱗片。

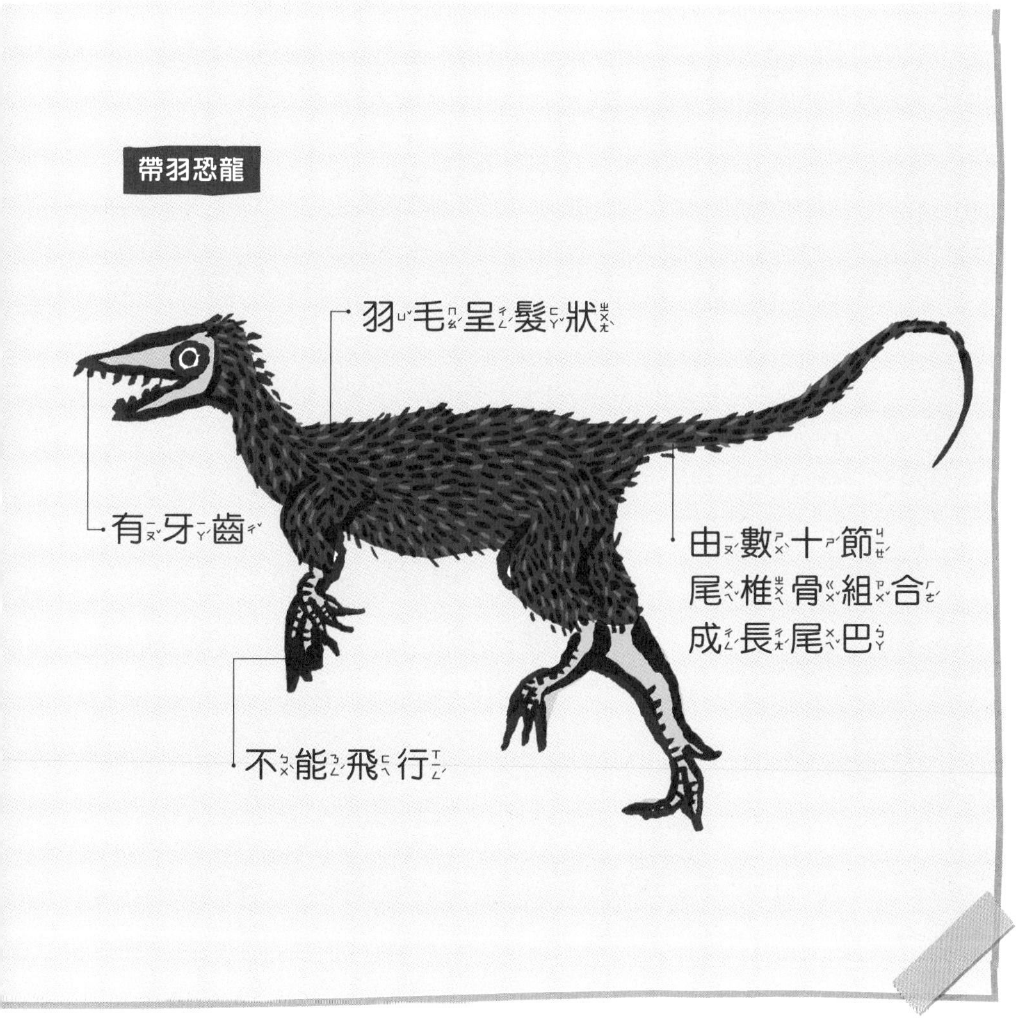

帶羽恐龍

羽毛呈髮狀

有牙齒

由數十節尾椎骨組合成長尾巴

不能飛行

　　過了幾個月，暴龍媽媽不再溫柔了，張牙舞爪的把孩子趕出地盤，讓小暴龍開始獨立生活。

如果有一天，母子有緣再見面，暴龍媽媽說不定會不認得自己的孩子，大口一張，就把小暴龍吃了。

5 落難恐龍王

-暴龍生活中的危機-

仙人忙中有錯，巨龍強中有弱；暴龍狩獵，也有吃癟的時候。

暴龍雖然很強，卻是出了名的短命，平均只能活到十六歲左右，特別長壽的暴龍才能活到將近三十歲。牠們年輕時比較輕鬆快樂，十四歲開始「談戀愛」以後，就會經常面對死亡。

一起去探險吧！

公暴龍們為了搶太太，經常咬得你死我活；母暴龍則為了保護寶寶，吃得少、

責任重，還得正面迎戰入侵地盤的敵人。

許多植食恐龍個性溫和，卻身懷絕技，一點也不好惹。像是脾氣固執的包頭龍，不但全身裝甲，尾巴末端還有堅硬的圓錘，冷不防往暴龍腿上一

捶，暴龍也只好跛著腳逃之夭夭。

人不犯我，我不犯人，植食恐龍的武器，不會用來主動攻擊別人，只是為了保護自己。

愛德蒙頓龍全身長滿骨板、身體兩邊還有突出的骨釘；刺盾角龍和三角龍的頭上長著尖角，就像刺刀一樣，能讓敵人肚破腸流。

▲ 愛德蒙頓龍

▲ 刺ㄘˋ盾ㄉㄨㄣˋ角ㄐㄧㄠˇ龍ㄌㄨㄥˊ

▲ 三ㄙㄢ角ㄐㄧㄠˇ龍ㄌㄨㄥˊ

包頭龍全身裝甲，

就連整個臉、眼皮都包著

▲包頭龍

▲泰坦巨龍

骨板，難怪叫做「包頭」龍。牠的尾巴有堅硬的骨錘，一揮就能打斷敵人的腿。泰坦巨龍的尾巴長得像「鞭子」，用來抽打找麻煩的恐龍，讓牠們不敢靠近。

這些平常溫和的植食恐龍，一旦「龍」脾氣發起來的時候，都不是好惹的對手。

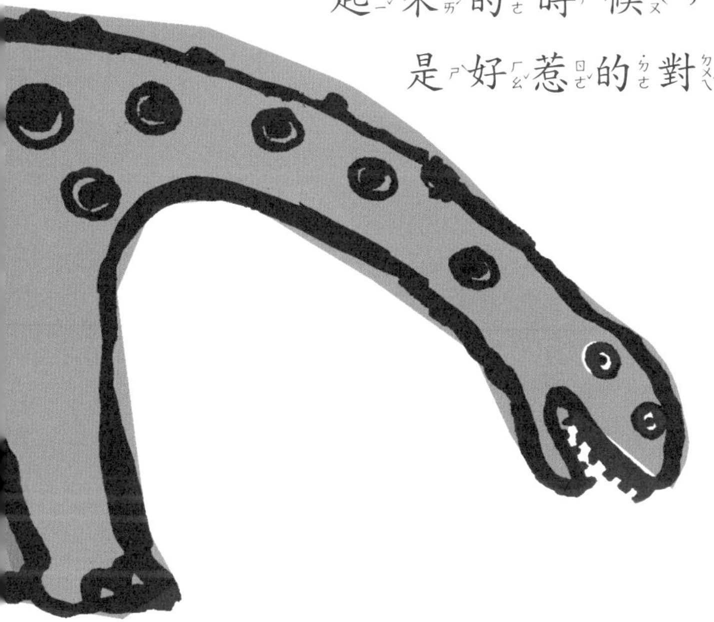

有些毒氣瀰漫的山谷也是暴龍的葬身地。白堊紀晚期，地球上經常火山爆發，火山口冒出的毒氣沉積在山谷中，毒死了許多小動物，而一些貪吃的暴龍被屍體的氣味吸引過來，一不小心也被毒死在山谷裡。

不行，
小心有毒！

火山噴發出的氣體污染了環境，害暴龍的蛋無法孵化，不只是暴龍，就

連其他恐龍蛋的蛋殼都變薄了，不是容易破，就是蛋裡的寶寶已經死亡。這些沒有孵出來的蛋，很多都被埋在土裡形成化石，所以，白堊紀晚期的恐龍蛋化石特別多。

6 末日來臨

－暴龍王朝的滅絕－

暴龍王，這麼強，誰都很難把牠怎麼樣；
大隕石，從天降，一代霸王個個都投降。

遇上大災難，誰都不願意，偏偏暴龍就遇上了，還不只是暴龍，所有恐龍和地球百分之七十五的生物種類，都在這場恐怖的災難不久後滅亡。

六千五百萬年前的某一天，太陽還是像平常一樣升起，風還是一樣的吹，愛德蒙頓龍還是像平常一樣低頭吃樹葉，暴龍還是一樣的虎視眈眈。

突然間，大地「砰」的一聲巨響，一顆大得像座小城市的隕石，掉落在現今的墨西哥灣，驚天動地的把地球表面撞出一個巨大坑洞。

科學家認為，每隔幾千萬到一億年，就可能有一顆巨大的隕石造訪地球，造成生物浩劫。一九九〇年，人們終於發現墨西哥半島上的「希克蘇魯伯隕石坑」，一半在陸地上，一半在海水中，寬度平均一百八十公里，很可能就是害恐龍大滅絕的隕石殺手造成的。

猛烈的撞擊，
引起一陣天搖地動，
強烈的海嘯、火山爆發、熔岩雨、森林大火……各種災難接連著發生，全世界變成烏煙瘴氣的黑暗地獄。

　　火山灰和隕石激起的砂塵，飄浮在高空中、遮住太陽，讓地球陷入黑暗好多年。失去了溫暖的陽光，天空變得又黑又冷，許多動物因而冷死。

　　黑暗的日子持續了好幾年，恐龍們像排列的骨牌一樣，一個接著一個倒下，沒有誰逃得了。沒有太陽，植物無法行光合作用，森林變得一片死寂，植

食恐龍找不到新鮮的樹葉，肉食恐龍獵不到肉，也都一隻接著一隻死亡，只有吃腐屍的哺乳動物僥倖存活下來。

天空中的流星如果掉落到地面上，就稱為「隕石」。有的隕石很大，可能比一座動物園大；有的隕石很小，小到就像一粒灰塵。

在焦黑的森林、煙霧瀰漫的荒涼世界裡，主宰地球超過一億五千萬年的恐龍王朝就這樣消逝了。

暴龍正好搭上死亡列車，成為恐龍王朝的「末代君王」。

一隻飢餓的母暴龍四處搜尋食物，牠快要沒有力氣了，最後「砰」的一聲倒下，死在河谷邊。屍體的氣味引來一群吃腐肉的小動物，快樂享受著難得的暴龍大餐。暴漲的溪水帶來大量砂石，把暴龍的骨架埋到深深的地下。水裡的礦物質慢慢滲進牠的牙齒和骨骼，把昔日風光的恐龍暴君，變成了「化石」。暴龍安靜的埋在地底，經過漫長的幾千萬年……直到被人們發現的那一天。

▼化石的形成順序圖

1. 肉被吃掉

2. 部分身體被水沖走

3. 被埋入砂堆

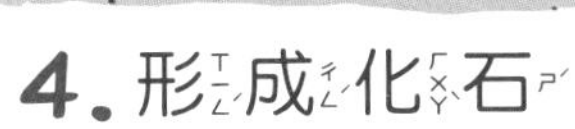

4. 形成化石

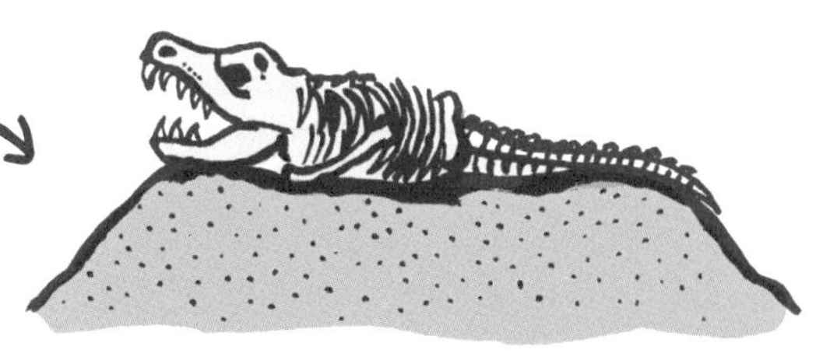

5. 出土

媽ㄇㄚ！

「找到了！

7 化石萬歲

-暴龍的化石-

地獄溪，溪地獄，千古暴龍長眠地；
老骨頭，頭骨大，恐龍王國稱老大。

我們所知道的暴龍點滴，都從化石而來。化石是一個小窗子，

讓我們可以「偷窺」古代恐龍的繁華世界。化石很珍貴，恐龍迷挖到化石，會興奮的高呼：「耶！萬歲！」

只是恐龍化石何只「萬歲」，至少都有「六千五百多萬歲」。

漫長的歲月出了一道謎題給古生物學家——剛出土的暴龍化石不是殘缺不全，就是散成一堆。人們得像拼圖一樣，把這些零件拼湊起來，還原牠們昔

▼暴龍骨骼復原演進圖

日的威風模樣。殘破或缺漏的骨塊，要用石膏模型補上，或者用幾隻不同的暴龍化石拼成一隻。

從第一隻暴龍開始，一百多年以來，人們已經發現超過四十具暴龍化石。發現化石的人為牠們編號，還幫牠們取了名字——「蘇」是個老奶奶、「喬丹獸腳類」兩歲大、「珍」是個小小孩、「B—雷克斯」小姐花樣年華，其他還有「史丹」、「C—雷克斯」、「G—雷克斯」等。

隨著找到的暴龍化石越來越多，我們對暴龍的了解就會越多。除了骨頭、牙齒，人們還發現了暴龍的腳印化石、糞便化石，以及暴龍咬在其他恐龍化石上的咬痕化石。

暴龍既威猛又迷人，可惜牠們永遠從地球上消失了。不過，近幾年有人在暴龍的腿骨化石裡找到蛋白質，發現暴龍的蛋白質和「雞」很相近，所以鳥類可能就是恐龍的後代。

沒想到，個性溫馴的咕咕雞竟是凶猛暴龍的近親，你想親眼瞧瞧暴龍的模樣嗎？——那就欣賞欣賞雞吧！

暴龍、柯南與彩虹

胡妙芬

自從西元一九〇二年，外號「骨頭先生」的古生物學家巴南．布朗挖到第一副暴龍化石以後，所有迷上暴龍的人都成了「名偵探柯南」，他們四處尋找證據、不放過蛛絲馬跡，就為了找出暴龍生前的真相與滅亡的神祕原因。

只不過，柯南偵辦的案子都能抓到兇手，而暴龍迷們的研究卻永遠沒有水落石出的一天。因為，沒有人能真的坐上時光機，回到活生生的恐龍世界，親眼目睹一切真相。

大家都只能「推論」。所以，恐龍的研究總是引起一場又一場的爭辯，而且永遠沒有人知道真正的答案。

所以，寫這本書時，也早有了心理準備。書裡寫著：暴龍蘇是個姑娘？有人不同意；暴龍是可怕的掠食動物？有一票人很有意見；大隕石消滅了恐龍世界？沒有人敢掛保證。暴龍的研究結果日新月異，現存的理論都不一定能獲得共識，更可能在幾個月或數年後整個被推翻掉。

但是，正因為沒有標準答案，關於恐龍的知識，就多了很多、很大的空間，還有幻想、浪漫與趣味的想像。所以我們有恐龍電影、恐龍動畫、小說，還有天才畫家描繪人與恐龍和平共榮的失落世界。

彩虹很美，但你知道，因為角度的關係，每個人看到的都不是同一道彩虹嗎？所以，如果你心裡也有一隻不同於別人想像的暴龍，放心，沒有人會說那是不對的。

附錄 **恐龍點點名**

讀完這本書，你認識了幾種恐龍？
一起來看看這些恐龍小檔案，選出你最愛的恐龍吧！

肉食性／白堊紀晚期

具有尖牙大嘴及強而有力的上下顎。牙齒有鋸齒，適合撕咬肉塊。

植食性／白堊紀晚期

渾身布滿著釘狀和塊狀甲板，只有肚子是柔軟的。

植食性／白堊紀晚期

額頭上有兩隻尖角，大約102公分長，第三角則長在鼻子上方。

植食性／白堊紀晚期

全身連臉、眼皮都披滿重甲，尾巴像一根堅硬的棍子，尾端還有骨錘。

植食性／侏羅紀晚期

尾巴長達13公尺，可以像鞭子一般抽打，把敵人趕走。

植食性／白堊紀晚期

巨大的鼻角足足有六十公分長。頭部的盾板長有尖刺，能嚇唬敵人，並保護脆弱的頸部。

植食性／侏羅紀晚期

背上排列著巨大的骨板，尾巴末端還有四根長刺，可以打擊敵人。

植食性／白堊紀晚期

背部有鱗狀的骨質背甲，尾巴像強壯的長鞭。

國家圖書館出版品預行編目資料

暴龍時光機 / 胡妙芬 文；達姆 圖.
-- 第二版. -- 臺北市 : 親子天下, 2020.11
112 面 ; 14.8 x 21公分. --
ISBN 978-957-503-692-8（平裝）
359.574 109015696

知識讀本館

暴龍時光機

作者｜胡妙芬 繪者｜達姆
責任編輯｜蔡忠琦、戴淳雅 美術設計｜林家蓁 行銷企劃｜劉盈萱

天下雜誌群創辦人｜殷允芃
董事長兼執行長｜何琦瑜
媒體暨產品事業群
總經理｜游玉雪 副總經理｜林彥傑 總編輯｜林欣靜
行銷總監｜林育菁 版權主任｜何晨瑋、黃微真

出版者｜親子天下股份有限公司
地址｜台北市 104 建國北路一段 96 號 4 樓
電話｜（02）2509-2800 傳真｜（02）2509-2462
網址｜ www.parenting.com.tw
讀者服務專線｜（02）2662-0332 週一～週五：09:00~17:30
讀者服務傳真｜（02）2662-6048 客服信箱｜ parenting@cw.com.tw
法律顧問｜台英國際商務法律事務所・羅明通律師
製版印刷｜中原造像股份有限公司
總經銷｜大和圖書有限公司 電話：（02）8990-2588
出版日期｜ 2008 年 7 月第一版第一次印行（第一版書名：天下第一龍）
2023 年 8 月第二版第四次印行
定價｜ 280 元 書號｜ BKKKC158P
ISBN ｜ 978-957-503-692-8（平裝）